Out of the Maze

[美] 斯宾塞·约翰逊 著
殷蕾 译

谁动了我的奶酪2

走出迷宫

中信出版集团 | 北京

图书在版编目（C I P）数据

谁动了我的奶酪. 2, 走出迷宫 / (美) 斯宾塞·约翰逊著；殷蕾译. -- 北京：中信出版社, 2020.7 (2025.11 重印)
书名原文: Out of the Maze
ISBN 978–7–5217–1140–0

Ⅰ. ①谁… Ⅱ. ①斯… ②殷… Ⅲ. ①个人–修养–通俗读物 Ⅳ. ①B825–49

中国版本图书馆CIP数据核字（2020）第034635号

谁动了我的奶酪2——走出迷宫

著　　者：[美] 斯宾塞·约翰逊
译　　者：殷蕾
插　　图：靳巾翰
出版发行：中信出版集团股份有限公司
（北京市朝阳区东三环北路 27 号嘉铭中心　邮编　100020）
承 印 者：北京通州皇家印刷厂

开　　本：880mm × 1230mm　1/32　　印　　张：3.25　　字　　数：40千字
版　　次：2020年7月第1版　　印　　次：2025年11月第20次印刷
京权图字：01–2013–7132
书　　号：ISBN 978–7–5217–1140–0
定　　价：45.00元

“我没法相信！”爱丽丝说。

“不能吗？”女王以怜悯的口吻说，“你再试试：做一次深呼吸，闭上眼睛。”

爱丽丝笑了笑。“试也没用，”她说，“人不可能相信不可能的事情。”

“那我敢说是你练习得不够多，”女王说，“当我像你这么大的时候，我每天都练习半个小时。你知道吗，有时候早饭还没吃，我就已经相信六件不可能的事情了。”

——刘易斯·卡罗尔，《爱丽丝漫游奇境》

想象力比知识更重要，因为知识是有限的，而想象力概括着世界上的一切。

——阿尔伯特·爱因斯坦

目录

《谁动了我的奶酪2》背后的故事

《谁动了我的奶酪?》这个故事是由斯宾塞·约翰逊博士创作的，当时他正面临生活中的剧变。之后的几年里，他不断地和他人分享这个故事。在看到这个小故事对人们的生活和工作的巨大作用后，他把这个故事写成了一本书。

《谁动了我的奶酪?》精装版出版后的6个月内，销量就超过了100万册，5年内，发行量超过了2 100万册。2005年，《谁动了我的奶酪?》被亚马逊网站评为“有史以来最畅销的图书”。

这些年来，斯宾塞这个深受人们喜爱的经典故事走进了家庭、公司、学校、教堂、军队和体育团体……这本书在世界各地被翻译成多种文字，畅销全球。它的读者和粉丝纷纷表示，他们从书中收获的智慧和哲理帮助他们改善了生活的方方面面——事业、生意、健康和婚姻。可见这本书影响之深远。

然而斯宾塞觉得故事里仍有一些尚未回答的问题。

他在写作这部续集记的笔记中写道：“许多人读了奶酪的故事，想要知道更多的‘为什么’和‘如何做’。我们为什么有的时候能够适应变化，勇敢应对，并且收获成功，而有的时候却做不到？我们又应该如何在一个不断变化的世界里，更快、更好地调整自我，适应变化，从而拥有我们每个人定义不同的成功、幸福的人生呢？”

这些问题的答案，在斯宾塞看来，需要让“奶酪”的故事更上一层台阶，才能得以回答和阐释。

《谁动了我的奶酪？》向读者展现了一条在工作和生活中应对变化的路径。

而如今，《谁动了我的奶酪2》将给予你所需要的工具，帮助你踏上那条路径，不仅能使你从容应对变化，还能使你改变自己的命运。

序

埃默森·约翰逊，奥斯汀·约翰逊和克里斯蒂安·约翰逊

我们很高兴你就要开始阅读这本书了。

从他小的时候起，我们的父亲就非常乐于助人。他十几岁的时候开办了一所游泳学校，帮助社区里的其他孩子学习游泳。长大以后，他先是成为一名外科医生，之后又发掘出自己对于写作的热爱。他认为通过写作，可以去影响和帮助到更多的人。

我们深深地怀念他，并且为他对这个世界的贡献感到无比骄傲和自豪。

他自己也经常用到这个故事里的词语和格言，无论当他处于人生的巅峰还是低谷。当他被诊断出患有胰腺癌的时候，“奶酪”的故事帮助他在去世之前以一个全新的视角去看待他的病痛。是“奶酪”的故事给予了他力量和方法，让他用爱和感恩的心去乐观勇敢地面对他生活中的变化。

在故事的结尾，我们附上了一封他在癌症晚期写下的信。我们相信这封信恰恰说明了他是如何在自己的生活中践行着他书中的道理的。

我们希望你会喜欢这本书，并且发自内心地祝福你。

约翰逊一家

2018 年 7 月

芝加哥的同学会

秋高气爽的一天，一组人正聚在一起召开每周的商业发展研讨会。这是他们的倒数第二节课，这一天他们的任务是阅读一个关于两位主人公——哼哼和唧唧分别是怎样应对变化的小故事。这本书的名字叫作《谁动了我的奶酪？》。

研讨会的主持人丹尼斯让全班安静下来。

“大家好，我们开始吧。我想以一个问题开启今天的讨论：究竟是哪个该死的家伙动了我们的奶酪，而我们该如何应对呢？”

同学们哄堂大笑。丹尼斯总是自有一套缓解大家紧张情绪的办法。然而他们也知道，说起业务，他也总是不乏真知灼见。

大家开始讨论这本书。有的人表示他们从故事中领会到了许多可以在生活和工作中应用的道理。

另外一些人却充满疑惑。

“我理解整个故事是关于适应变化的，”身处科技行业的亚历克斯说，“但是说着容易，做起来难。我们具体应该如何做呢？”

医生米娅赞同说：“一些变化很容易适应，另一些适应起来却十分困难。”

“而我的工作可不只是发生了变化，”亚历克斯继续补充道，“而是发生了翻天覆地的变化——它看起来就要消失了。”

“我也是。”从事出版行业的布鲁克说，“有的时候我感觉我所在的领域简直面目全非。”

“我连生活都面目全非。”亚历克斯说。其他人笑出了声。“说真的，”他说，“如此多的变化在同时发生。如果可以，我倒是愿意‘随着奶酪的变化而变化’，可是绝大多数时候，我根本不知道奶酪变到哪里去了啊！”

正在这时，坐在后面的一位年轻人蒂姆举起手说了些什么。

丹尼斯举起双手示意大家停止讨论，待大家安静下来，他让蒂姆重复一遍他的问题，好让大家都可以听清楚。

蒂姆清了清嗓子，说：“那哼哼呢？”

亚历克斯回过身瞅着那个年轻人：“那哼哼怎么了？”

蒂姆说：“他遇到了什么情况呢？”

屋子里忽然鸦雀无声了。大家开始回顾哼哼和唧唧的故事，思索起这个问题。

“这才是我想知道的。”蒂姆继续说道，“因为坦率地说，哼哼是故事里最令我感同身受的人物。”

“唧唧看上去能及时地跟上变化的脚步，找到自己的方向。而哼哼则一个人坐在空荡荡的屋子里，又孤独又沮丧。在我看来，他也像唧唧一样想要一探究竟，可是他是实实在在地被困在那里了。我不得不承认，我现在大概也是如此。”

起初大家都默不作声。接着，米娅开了口。

“我理解你的意思。我感觉自己的境况也是这样的。我也想随着奶酪的变化而变化，可是我根本不知道要从哪下手。”

他们一个接着一个地意识到他们都非常能和那个年轻人产生共鸣。在故事里，唧唧走出去找到了“新的奶酪”。他顺应着变化，勇敢面对变化，并且成功了。而哼哼依旧十分迷茫和困惑。

他们中的很多人都和哼哼有着相同的感受。

之后的一整个星期里，丹尼斯都在左思右想着那个年轻人和他的问题。

接下来的一周，当大家重新聚在一起的时候，他说：“我仔细考虑了你们上一周的问题，也就是为什么唧唧做出了改变而哼哼却没有，以及接下来又会发生些什么。”

“故事还没有结束。我希望和你们分享它。”

屋子里静得出奇，连轻轻点击鼠标的声音都能听得一清二楚。每一个人都迫不及待地想知道：哼哼后来怎么样了呢？

“你们应该还记得《谁动了我的奶酪？》里发生的故事吧。”丹尼斯开始讲了起来。

《谁动了我的奶酪？》讲述的故事

很久很久以前，在一片遥远的土地上，生活着四位小伙伴。其中有两只小老鼠，名叫嗅嗅和匆匆，另外两位则是小矮人哼哼和唧唧。他们整日在迷宫中穿梭，寻找着令他们兴奋不已的可口的奶酪。

迷宫是一连串错综复杂的通道和密室，有的里面藏着香甜的奶酪，有的却是黑暗的角落和死胡同。

有一天，四位小伙伴一起在通道尽头的奶酪 C 站找到了他们最喜欢的奶酪。于是，在之后的每一天，他们都会来到奶酪 C 站，享用更多味道美妙的奶酪。

没过多久，哼哼和唧唧就在奶酪 C 站安家落户了。他们并不知道这些奶酪是哪儿来的或是谁放在这里的，他们就欣然地认为这儿总是会有奶酪的。

直到有一天，奶酪没了。

当看到奶酪不见了，嗅嗅和匆匆立即就出发去寻找新的奶酪了。

然而哼哼和唧唧吃惊地站在原地一动不动。他们的奶酪不见了！这怎么可能呢？从来没有人警告过他们！不对！绝不可能发生这样的事情。

他们就这样整日地为奶酪的丢失而心烦意乱。

终于，唧唧意识到嗅嗅和匆匆已经离开了奶酪C站去找新奶酪了。他决定也要像两只小老鼠一样，去寻找新的奶酪。

“哼哼，有的时候事情会有变化，不会再像从前一样了。”唧唧劝说着自己的同伴，“看上去现在情况就变了。生活在继续向前，我们也应该随着生活的变化而变化。”

说完，唧唧就离开了。

过了几天，唧唧带着几块新找到的小奶酪回到了奶酪C站，而且分给了哼哼几块奶酪。

可是哼哼认为自己不会喜欢这

种新奶酪。这不是他所熟悉的奶酪。他还是想要自己原来的那种奶酪。于是，唧唧只好不情愿地再一次独自动身去寻找更多的新奶酪。

那是哼哼最后一次见到自己的好朋友唧唧。

新的故事：

接下来发生了什么

哼哼的困境

接连几天，哼哼在奶酪C站来回踱着步，又焦躁又懊恼。

他仍然每天等待着奶酪出现，仍然不肯接受自己日复一日落空的期盼。他十分确定，只要自己坚定不移地等下去，总有一天奶酪会回来的。

但是这一天并

没有到来。

而为什么唧唧也没有再回来了呢？哼哼一边踱步，一边在脑海中搜寻着各种答案。

起初他告诉自己：“唧唧会回来的。他不久就会回来的，然后一切就都会恢复正常。”但是，过了好久好久，唧唧却一直没有回来。

随着时间的推移，哼哼越发地烦躁，他的思绪也飘向了新的方向。

“他把我忘记了。”

“他躲起来了，不愿意见我了。”

“他一定是故意的！我的好朋友怎么可以这样背叛我呢？”

最后这个想法令哼哼气愤不已，他越想越生气。

他气恼唧唧把自己一个人扔下了，气恼自己心爱的奶酪没有了。更令他气恼的是，似乎他做什么都无法摆脱眼前的困境。终于，他停了下来，愤怒地大叫：“这不公平！”

来回的踱步和懊恼的情绪让哼哼疲惫不堪，于是哼哼瘫坐在自己最喜欢的扶手椅上，开始担忧起来。

万一唧唧走丢了呢？

万一他受了伤，或是发生了更可怕的事呢？

哼哼把气愤抛在了脑后，担心起自己的好朋友，担心唧唧会不会遇到了什么可怕的事情。

过了一阵子，一个新的问题浮现在他的脑海中。他不再揣测“唧唧为什么没有回来”，而是开始纳闷“我怎么没跟着他一起走呢”。

假如他和唧唧一起出发，哼哼思量着，事情也许就不一样了。或许唧唧就不会走丢了，或许唧唧就不会遇见什么可怕的事情了，或许他们现在就在一起享用着奶酪了呢。

他为什么没有像好朋友那样随着奶酪的变化而变化呢？

他为什么没有和唧唧一起离开呢？

这个问题啃噬着他，就像一只小老鼠啃食着一块奶酪。

这时候，哼哼感到自己越来越饿了。

哼哼从自己的扶手椅中站了起来，继续踱起步来。然而，他被地板上的什么东西绊倒了。哼哼弯下身子，拾起地上的东西，吹净了上面的尘土。他记得这个东西。

这是一把陈旧的凿子。

哼哼清晰地记得那天自己握着这把凿子，唧唧用锤子敲打着它，直到他们在奶酪 C 站的墙壁上凿出一个大洞找到了新的奶酪。他甚至仿佛还能听到锤子和凿子的撞击声在奶酪 C 站四面的墙壁之间回荡。

呼！呼！呼！

哼哼在周围的地面上翻找着，终于发现了他们曾经用过的那把锤子。他同样吹干净锤子上覆盖的一层尘土。忽然，他意识到，他们俩——哼哼和唧唧一起找奶酪已经是如此久远的事情了。

他很想念自己的好朋友。他也开始担心起来。这么长时间以来，他仍然期待着更多的奶酪会出现，期待着唧唧会回来。

但是这里依旧没有奶酪，也没有唧唧的踪影。

他应该做出改变了。他不能再待在家里徒劳地等待下去了。他应该走出家门，进入迷宫，去寻找奶酪。

现实状况

哼哼在屋里到处搜罗着，翻出了他的跑鞋。他把鞋穿上。一切都和他与唧唧最初寻找奶酪的时候一样。他一边系着鞋带，一边仔细地评估着眼下他所知道的情况。

他知道自己必须去寻找更多的奶酪，不然，他就会饿死。

他知道迷宫是一个危险的地方，里面藏着许多黑暗的角落和死胡同。所以，他必须格外地小心谨慎。

他也知道，自己是否能走出困境，找到更多的奶酪，并生存下去，完全取决于他自己。他只能依靠自己的力量。

他在一张小纸条上记下了他所知道的这一切，然后小心翼翼地把纸条装进自己的口袋中。这样，他就不会忘记了。

现实状况

①我必须找到更多的奶酪，不然，我就会饿死。

②迷宫是一个危险的地方，里面藏着许多黑暗的角落和死胡同。

③一切取决于我，我只能依靠自己的力量。

认清现实之后，哼哼感到有点儿放心了。起码，他知道眼下的实际情况了。

哼哼打量着锤子和凿子——或许它们能在自己的新征程中派上用场，帮助他开辟迷宫中更深的洞穴。

哼哼拾起这些工具，把它们装进一个布袋里，斜挎在自己的肩上。

揣好了写着现实状况的小纸条和结实的锤子和凿子，哼哼

整装待发，准备进入迷宫开启新的冒险。

哼哼冒险进入迷宫

接下来的几天里，哼哼穿梭在迂回的通道之中，渐渐闯入了迷宫深处。通道里大多是空荡荡的一片，除了偶尔会出现一两块小石头子儿，全然没有奶酪的影子。

每当他来到一个新的密室，他都会把脑袋探进去，极力搜寻奶酪。但是每一次密室里都空空如也。

有时，他会碰到一个黑暗的角落。每当遇到这种情形，他会转身就走。他绝不能让自己迷路。

偶尔，他会路过一个死胡同。他会往胡同里面张望一下。当确信胡同的另一头只有一堵砖墙和一片漆黑之后，他就匆匆地离开继续向前走。

时不时地，哼哼可以辨识出唧唧曾经从这里经过。他看得到唧唧在墙壁上刻下的话。每句话旁都附着一小块奶酪的简笔画。这些对于哼哼来说完全无厘头。

他并没有停下来细读。他太饿，也太累了。

然而，依然没有奶酪的任何踪迹。

哼哼一边搜寻，一边反反复复地思量那个困扰他许久的问题。

他为什么没有和唧唧一起离开呢？

坦率地说，哼哼曾经一直以为自己是他们俩当中更有头脑的那一个。唧唧是一个很不错的小矮人和一个称职的好伙伴。

他积极乐观，充满幽默感。尽管他更多的时候是个副手，而不是总指挥。哼哼一直是这样认为的。

但是现在他不那么确定了。

“我为什么没有抓住机会和唧唧一起离开呢？”他低声自言自语着。

是因为自己太固执了？还是完全就是愚蠢？

或许，自己其实是一个挺差劲的小矮人？

哼哼一边思索，一边穿过一个又一个通道。“这也是对我某些所作所为的惩罚。”他脱口而出。

随着他自卑情绪的增加，他的精神状态也在不知不觉中渐渐变得低迷。他甚至没有意识到他这些对于自己的看法在他的脑海中四处游荡着，就像一只小老鼠在迷宫中奔走。

接着，一个可怕的念头让他怔住了。“也许我就是注定要永远在这迷宫中徒劳地打转下去，周而复始。”

哼哼的腿一下子发软了。他的身子倚靠在墙壁上，慢慢地滑向地面。

对面的墙上刻着唧唧的一串话：

抛弃旧的观念，
才能找到新的奶酪。

哼哼只是摇摇头。

“唉，唧唧，”哼哼自言自语地说，“你在胡思乱想些什么？奶酪要么在那儿，要么不在那儿。观念和它没有任何关系！”

他头一次开始猜想，唧唧是不是太累了，走不动了，便就此放弃了。他怀疑自己现在是不是就是这样。

他一下子感到孤单无助和惶恐不安。

事情完全不一样了。之前，迷宫是哼哼和唧唧工作和社交的场所。他们一起在这里长大，在这里建立起自己的生活。迷宫就是哼哼的整个世界。

但是，迷宫发生了变化。

现在，一切都变得不一样了。唧唧不见了，嗅嗅和匆匆不见了，奶酪也不见了。而他则在迷宫的通道间徘徊着，越来越疲惫不堪。哼哼想不明白这一切究竟为什么会这样。

迷宫变成了一个又阴暗又可怕的地方。

他蜷缩在地上，在困扰中睡去。

陌生人

哼哼忽然惊醒了，觉得自己的脚碰到了地上的什么东西。地上肯定有什么。他坐起身来打量着它们。那是一些小圆石头，大概和他的拳头差不多大。

他捡起一块石头，抚摸着它光滑红润的表面。它根本不像一块石头。它闻起来很香。

事实上，它闻起来香极了，哼哼甚至忍不住想咬上一口。

他赶忙摇摇头，让自己振作起来。他在想什么？无论那是什么，都肯定不是他要的奶酪。

它可能是危险的。

哼哼环顾四周，吓了一跳。

他身边坐着另外一个小矮人，正瞅着他！那不是唧唧，也不是他们以前的朋友。哼哼从来没见过这个小矮人。

他不知道自己应该微笑着打个招呼，还是应该感到恐慌。

那个小矮人拿起其中一个红色的、不像石头的“石头”，递给哼哼。“你看起来很饿。”她说。

“但是我不能吃这个。”哼哼回答道，“它不是奶酪！”

“不是什么？”

“奶酪。”哼哼重复着，“它不是奶酪。”

她没有再说话，困惑地望着哼哼。

“奶酪，换句话说就是‘食物’。”哼哼耐心地解释道，“所有人都吃奶酪。连老鼠也一样。”

“是这个样子啊。”那个小矮人说。他们彼此沉默了一阵子。接着，她继续说：“可我就不吃。我甚至从来都没见过‘奶酪’。”

哼哼觉得她的话简直难以置信。一个没有吃过奶酪的小矮人？这怎么可能！

眼前的陌生人依旧拿着小石头，把它递给了哼哼。哼哼看了看这块小石头，使劲摇了摇头。

“不管它是什么，我都不能吃它，”他说，“我只能吃奶酪。”

说罢，他又无助地躺倒在地上。过了一会儿，他隐约间听到那个陌生人说：“我打赌你能做的远比你想象中的多得多……”

然而哼哼已经再一次进入睡梦之中。

几个小时之后，当哼哼睁开眼睛，他感到从未有过的饥肠辘辘。晚餐的时间到了！他想着。然而现实很快就让他清醒了。

没有奶酪。

没有晚餐。

他坐了起来。那个陌生人已经不见了，但是小红石头还在那里。他捡起一块，又一次嗅闻起来。它闻着真香。

他还没来得及想清楚，就已经咬上了一大口。

它很酥脆而多汁，甜中带酸！它的味道与他以前吃过的任何一种奶酪都不一样。他把一整个小红石头都啃完了。他实在停不下来。

他躺倒在地上，低声地呻吟起来。“天哪，我做了些什么？”

他说，“我吃了一块石头！”他十分确定自己马上就会死去。

就这样，他又一次进入了梦乡。

这是他好几天来第一次安稳地睡了一整宿。

当他第二天早上醒来的时候，那个陌生人又回来了，环抱着双膝，坐在地上静静地看着他。

“你没有死。”她说。

“对，”哼哼说，“我没有死。对吗？”

事实上，他觉得自己更有力量了。

陌生人又给他递了一块石头。它肯定不是奶酪，但它可口极了。哼哼一边吃着，一边发觉自己的力气一点点地恢复着。

他享用着他的石头，这时身边的陌生人开始和他闲聊起来。她的名字叫盼盼。她住在附近一个叫“水果 A 站”的地方。她说“水果”是那些石头的学名。她还说它们也被称作“苹果”。

说到这儿的时候，哼哼已经在啃着他的第三个苹果了。

盼盼告诉哼哼近来水果也越来越稀缺了。过去的几天里，她走遍了迷宫的每一个角落，寻找着新的供给。

“以前，每天我一醒来，就会有更多的苹果出现。”她说，

“但是这种情形发生得越来越少了。”

“实际上，”她边说边指着哼哼正吃着的苹果，“那是我最后一个苹果了。”

哼哼张开的口停在了一半，转头望向她：“你的意思是，它们都不见了？”

她点点头：“它们再也没有出现了。我不知道为什么。”

哼哼低头看了一眼手中快吃完的苹果，又转向了盼盼：“你把你最后一个苹果送给我了？”

盼盼耸了耸肩膀：“你看起来饿极了。”

“我是很饿，”哼哼回答道，“可是你不是也饿吗？”

“有一点儿。”她承认道。

哼哼回想着她给自己的那好几个苹果，忽然意识到自己还没有感谢她呢。

“谢谢你。”他说。

“不客气。”她说。

哼哼摇摇头，声音中带着几分惊喜：“吃了这些东西竟然让我感觉好多了。我真不敢相信！”

盼盼微微一笑，说："你当然可以相信。这并不困难，只要你肯放手一搏，勇敢尝试。"

这话让哼哼有些困惑。只要放手一搏，勇敢尝试什么？他完全无法理解她所说的话。

他只知道一件事情：自己还是很饿。

这一番关于吃的谈话提醒了哼哼，他记起了自己当初离开家来到迷宫中的缘由。既然现在他已经从这陌生的新食物中重获了一些力量，是时候该再次上路，寻找新的奶酪了。

到目前为止，他的搜寻都是徒劳的，而他清楚地明白这是为什么。

"我就是还不足够努力。"他辩解着，"我需要做的，是去搜寻迷宫中我还没有尝试过的地方。"

盼盼耸耸肩，说："如果你不介意的话，我也一起去。"

（盼盼并不知道他们将如何摆脱他们身处的窘境，但是她坚定不移地相信他们一定会成功的。）

哼哼不情愿地点点头。多个伙伴又不会怎么样。他站了起来，又一次注意到了他的好朋友唧唧在墙壁上刻下的那串陌生的话：

抛弃旧的观念，
才能找到新的奶酪。

“也许不能，”他冲着墙上的话说道，“但是让我来告诉你什么会帮助我找到新的奶酪：加倍的努力！”

说罢，哼哼把自己的工具包斜挎在肩膀上，就和盼盼一起出发了。他们走过了一个又一个通道，向一个又一个密室里探头张望，小心翼翼地避开漆黑一片的角落和死胡同。

他们发现的每一个密室都空空如也，但是哼哼打定了主意不肯放弃。

他们一边走着，哼哼就一边给盼盼讲起了往事。他讲起他和唧唧，还有他们的朋友嗅嗅和匆匆，怎样每天寻找奶酪，以及奶酪曾经是多么充裕和容易找到。那时真是不费吹灰之力。他们只需要在附近的几个通道里上下打量一圈，就一定能发现奶酪。

“轻松的日子啊。”他感慨道，接着便陷入了沉默，继续赶路。

加倍努力

时代变了。哼哼不再是以前的那个小矮人了。他曾经坚强而又骄傲。其他的小矮人都很崇拜他，因为他总是充满着自信。

但是奶酪的消失改变了这一切。一连串的事情折磨着他。他不再像往日那样坚强了，也不再那么骄傲了。

他回想着这一切，忽然意识到自己远不如从前那样相信自己了。他觉察到他一贯的自信越来越动摇了。

这对哼哼来说是前所未有的。

他从来没有真正地审视过自己的想法，或者从一个旁观者的角度去考量自己是如何看待事物的。

在他看来，他看待事物的角度就是事物真实的样子。

他们继续沿着通道走着，两个人偶尔会找到一点儿奶酪屑来充饥。吃上几口后，哼哼肚子里饥饿的煎熬也就稍稍有所缓解。

盼盼也尝了几口奶酪。她觉得奶酪也挺好吃的。

时不时地，他们会发现墙边地上的一个苹果，便一人一半把它分吃了。

几小口的奶酪和偶尔的一个苹果刚刚好能够支撑着他们每天走回到出发的地方。然后他们便休息调整一晚，为第二天的搜寻工作做好准备。

每天早上当他们出发的时候，哼哼都感觉自己的精神和力气与前一天比起来又虚弱了一些。

每天晚上当他们经过了一天漫长而又徒劳的寻找，回到原点的时候，哼哼把自己的工具包往边上一扔，靠着墙瘫倒在地上，更加无精打采。

一天他们回来的时候，哼哼十分灰心丧气，他甚至都不知道自己是否还能坚持下去。他唯一能想到的就是自己手中的工具包有多么沉重。

“那一定很沉吧。”盼盼说。

“也没有那么糟。”哼哼回答道。他不愿意承认自己的工具包有多么沉，或是自己有多么筋疲力尽。

“你为什么每天都背着它呢?”她问。

“这是为了我们能够在墙壁上凿洞。”哼哼说。他向盼盼解释着，如果他们找到了那堵正确的墙，他就会请盼盼像自己以前那样举着凿子，然后他会像唧唧以前那样挥动锤子。

“原来是这样。”盼盼说。她接着又问：“那以前你们成功过吗？”

“当然成功过。”哼哼回答着，心里埋怨着盼盼的问题真多，“这是你可以买到的最好的凿子了！”

“我的意思是，”盼盼说，“在墙壁上凿洞真的帮助你们找到更多的奶酪了吗？”

哼哼没有回答。他觉得自己被冒犯到了。这些都是上等的工具！他“哐当”一声把工具包扔在了地上，然后靠坐在墙边。

哼哼很想念唧唧。他不喜欢出来在迷宫中闯荡，这里离家是那么远。他希望事情都能回到从前那样。

“你很想念你的朋友。”盼盼说。

她似乎总能看穿哼哼在想什么，这令哼哼稍稍有些不安。

哼哼耸了耸肩膀：“我只不过是希望事情可以回到原来的样子。”

盼盼在他身旁坐了下来，同样倚靠在墙上。

“我知道，”她说，扫了一眼哼哼，“但是我不确定就一定会是这样。”

“你什么意思？”哼哼有些不耐烦地打断她。

“我不认为事情会回到从前那样了。”盼盼说，“我是这样想的：也许，事情会变得比以前更好呢。”

哼哼并不这样想。

“我们‘加倍努力’的计划并不是很成功，不是吗？”盼盼轻声说道。

哼哼没有作声。他感到凄苦不堪。

“或许我们也该换一个新的策略？”她继续说。

哼哼环顾四周，发现她正抬头盯着唧唧写在墙上的话：抛弃旧的观念，才能找到新的奶酪。”

“如果我们尝试一种新的观念呢？”盼盼说。

哼哼摇着头：“你不可能‘尝试’一种观念。你的观念……就是你的观念。”

盼盼把目光重新投向哼哼，侧仰起头：“那如果你决心换一种呢？”

“它不是这样就可以改变的。”哼哼辩解着，“再说了，我觉得我的观念没有什么不好的！如果我改变了它，那我变成谁了？我就不是我哼哼了！”

他既不想要改变也不想要放弃他的观念。他坚信是他的观念造就了他是一个什么样的人。

“我打赌你会改变主意的。”她咕哝道。

“我为什么要改变主意？”哼哼有些恼羞成怒，“我挺喜欢我现在的主意的！”

盼盼又耸了耸肩：“我也挺喜欢的。可是我们还没有找到任何奶酪。”

哼哼答不上话来。

他们一起沉默了一会儿。终于，盼盼站了起来，说：“那晚安吧，哼哼。睡个好觉。我们明天早上见。”

哼哼依旧靠坐在墙边，眉头紧锁着，回想着盼盼说过的那些关于自己的锤子和凿子的话。

很显然在墙上凿洞并不能帮助他们什么。他难道不是早就知道这一点吗？那么，他为什么又要拖着这些工具到处去呢？

因为他也不知道能用这些工具做什么。这就是原因。

他们是找不到奶酪的。他也找不到唧唧。他会死在迷宫的通道里，和他那毫无用处的工具包在一起。

哼哼长长地叹了一口气，然后他又问起自己，那个从他开始寻找奶酪就一直困扰他的问题：

我为什么没有和唧唧一起离开呢？

想到这里，哼哼开始啜泣起来。

没过多久，他就不知不觉地睡着了。

哼哼的梦

那天晚上，哼哼做了一个梦。

在他的梦里，他看见自己回到了奶酪C站的家里，彷徨、惊慌、焦灼、气恼。有的东西变得不一样了。可是是什么变了呢？

接着他看清楚了。窗户上有了铁栅栏！看上去自己像是在牢房里一样。他透过那层铁栅栏观察着里面的自己。他注意到自己是多么郁郁寡欢。在他的梦境里，他又哭了一阵。

他深更半夜醒来，回想着自己的那个梦。他十分困惑。他为什么要像那样，在自己的屋子里做一个囚犯？朝思暮想着自己的好朋友，却不肯和他一起离开呢？

哼哼干躺了好几个小时，左思右想，一直想到了黎明的到来。

在晨光中，他刚好可以辨认出唧唧写在墙上的那句话，那句关于旧的观念和新的奶酪的话。

“也许唧唧说的是对的。”他轻轻地说。（自言自语能帮他把思绪理得更加清晰，尤其是那些非常繁杂的思绪，就像现在这样。）

他回忆起唧唧离开的那一天。那已经是很久以前了。唧唧

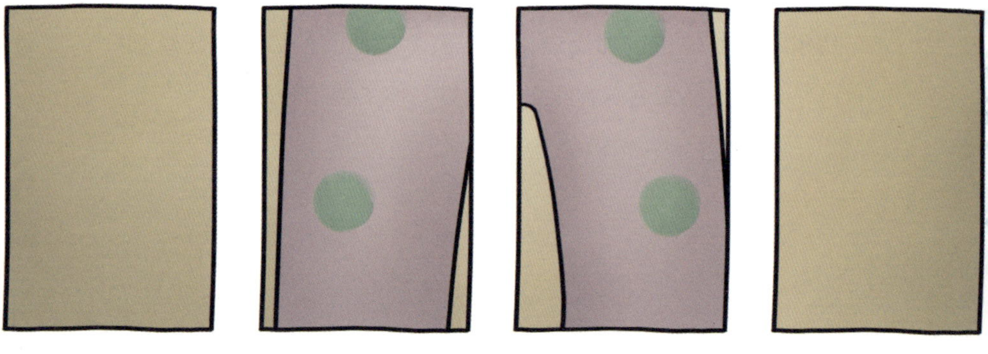

千方百计地尝试向哼哼解释着他们接下来需要做些什么，可是哼哼始终听不进去。

“我当时很确定自己是对的，而唧唧是错的。”他说，“但也许我并不对。我没有相信唧唧，却相信了自己的想法。”

哼哼一下子坐直了身子。

“旧观念”。唧唧的那句话是关于它的，但是哼哼从来没有停下来思考一下“观念”究竟是什么。

现在他觉得自己懂了。

他爬起来站好，捡起一块尖锐的石头，把自己的新发现记录在墙上唧唧写的话旁边。写完了，他又在这句话的旁边勾画了一个盼盼的苹果。这样，他以后就能记起来这是他自己的话而不是唧唧的了。

观念是一个我
坚信不疑的想法。

这就是观念。它其实就是一个想法。可是看看它是多么强大有力！

为什么他没有和唧唧一起动身去寻找新的奶酪呢？因为唧唧采用了不同的角度去看待事情——而哼哼没能看到唧唧所看到的。他自己的想法让他留在了奶酪C站，因为他坚信那些想法是正确的。

他曾经坚信只要他坚定地留下来，不动摇自己的信念，事情就会发生转变。

他曾经坚信唧唧去做的是一件滑稽的差事，而他哼哼才不会去做那种傻事。

他的这些观念让他被自己看待事物的方式束缚了脚步。这才是为什么他没有和唧唧一起离开。

忽然他就理解了自己的梦。那窗户上的铁栅栏就是他曾经的想法。那些他坚信不疑的想法，实际上阻挠着他闯入迷宫中去冒险。

正是他的观念囚禁了他自己！

他又在墙上写下了一句话，并同样在旁边画上了一个苹果。

旧观念会将你禁锢住。

他回想着自己在奶酪C站来回踱步的样子，回想着自己怎样坚定地认为只要等下去，奶酪就会重新出现，事情也会回到从前的样子。

那是又一个他曾经深信不疑的想法，不是吗？又一个将他禁锢住的观念！

那么，所有的观念都是这样的吗？

他回想起自己醒来第一次见到盼盼的那天，回想起她怎样伸手递给自己一个苹果吃。起初他不太敢吃，但后来他还是吃了下去。他给了她信任。而她呢，给了他她最后的一个苹果！她是一个非常好的朋友。

哼哼想，那是一个让他受益匪浅的观念。

他在墙上又写下了一句话：

有些观念令你消沉，
有些观念使你振作。

哼哼选择了一个新观念

哼哼回想起盼盼说的“如果我们尝试一种新的观念呢”。

他是怎么回答的？

“你不可能‘尝试’一种观念。它不是这样就可以改变的！”

然而，或许盼盼是对的。或许你的确可以改变一个旧的观念，选择一个新的观念。

他试着举出一个目前看起来陈旧的观念的例子，却没有想出来。这一番关于“观念”的思考对于哼哼来说还是一种全新的思维方式，他还不确定究竟应该如何应用它。

他抬头望着自己刚刚写下的几句话和每句话四周画着的苹果。他回想起盼盼第一次递给他苹果的时候，他说：“不管它是什么，我都不能吃它。我只能吃奶酪。”

那是他以前所想的，而且他曾经坚信那个想法——然而后来他发现那根本就不对！因为他吃掉了那个苹果，而且感觉好多了。所以奶酪并不是唯一一种他可以吃的食物。

现在他的想法就彻底不一样了。

盼盼是怎么说的来着？“我打赌你会改变主意的。”而她说的是对的。他的确改变了！

他又赶忙在墙上写道：

你可以改变你的想法。
你可以选择
一个新的观念。

哼哼注意到自己精神焕发了起来。这令他有些惊讶。

过去，哼哼从来不喜欢别人质疑他的观念。他对于要改变自己的想法这件事充满着抵触情绪。每当有人暗示他所说的或想的并不对的时候，他都会觉得被冒犯了。

但是现在，他不再为自己的错误而懊恼了，而是为自己的新发现感到欣喜。

他意识到，自己以前十分抵触改变想法是因为他感觉受到了威胁。他不愿意改变自己的观念，因为他喜欢他的那些观念。他以为是那些观念造就了他。

但是现在他发现并不是这样的。他完全可以选择一个不同的想法。他完全可以选择一个不同的观念。

而他呢，仍然是哼哼！

你不是你的观念。
你是选择你的观念的那个人。

"所以真正的问题来了，"他一边自言自语，一边踱来踱去，"既然我知道了观念是什么，它有多么强大，以及我多么容易就可以选择一个新的观念……我该做些什么呢？"

他停止了踱步。

答案很明显。他应该利用这些新的认识去帮助自己完成他们的任务。他应该去寻找更多的奶酪和苹果。

但是问题在于，他们已经试尽了所有的办法，找过了所有的地方，也没有更多可以找到的苹果和奶酪了。他们已经束手无策了。

这是一个不可能完成的任务。而且如果真是这样的话，努力尝试是徒劳且毫无意义的。

可是……如果"不可能"本身就是一个观念呢？他是否能改变这个"不可能"呢？

他感到脊背一阵发凉。

如果你相信它是可能的，
你会怎样做呢？

“等等，我们要理智一点儿。”他对自己说。

这种关于观念的探讨只能引领他走到这一步了。毕竟，观念是有局限性的，不是吗？

他的思绪在这个想法上停留了片刻。然后他深吸一口气，放下了自己的思虑——他觉得变化已经悄然发生了！

他低头看看手中那块尖锐的石头，又一次在墙上写道：

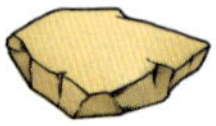

你的观念是不受
任何局限的！

如果你相信它是可能的呢？

当盼盼在几个小时之后的早晨出现的时候，她发现哼哼正坐在那里，擦拭着自己的跑鞋，哼着小曲。

她几乎不认识眼前这个焕然一新的哼哼了！她前一天晚上离开他的时候，他还是一副筋疲力尽、垂头丧气、满腹牢骚的样子。而现在，他看起来空前地精神焕发。

她审视着墙壁上一连串新的语句，一些话周围画上了苹果。

“哦！天哪！”她说，“你可是一晚上没闲着啊。”

哼哼点点头：“没错。”

“发生了什么？”她问。

他抬起头看着她。“我改变了我的想法。”他说。

“不错。”她回应道。她重新审视了一遍墙上哼哼写的所有的话，然后把目光投回到他身上：“关于什么的想法？”

哼哼放下鞋子，缓慢地站起来。（他仍在为背负了一整天那包沉重的工具而感到身子僵硬又酸痛。）

“我还没有想明白。”他说。

哼哼知道自己之前所采取的行动并没有成效。他需要尝试一些全新的办法。这意味着他需要以一个全新的视角去看待事物。他需要改变自己的想法，选择一个新的观念。

但是具体是什么观念呢？他还不是很清楚。

盼盼走过来，坐在他的身旁。

“我可以问你些问题吗？”（她看得出来哼哼正在沉思，或许并不愿意被她打搅，但是这些问题非常重要。）她说，“你说过你的奶酪突然之间就不见了？就跟我的苹果一样？”

“没错，是这样的。”哼哼回答说。

“那我很好奇，你说之前每天都有源源不断的新鲜奶酪，那时候，奶酪是从哪里来的呢？”

哼哼又有些不耐烦了。盼盼总是有这么多的问题！关心那些奶酪从哪里来的有什么用？它们反正都已经不见了。

他忽然停了下来。

哼哼转头看向盼盼，认真地琢磨起她刚才提出的问题。

那些奶酪究竟是从哪里来的呢？

自己以前考虑过这个问题吗？唧唧呢？他仔细地回想着，

搜寻着记忆中他和唧唧在一起的每一段时光：他们一起寻找奶酪，发现奶酪，然后享用奶酪。他们是否曾经问过自己这个问题呢？哪怕只是一次？

他们从来没有过！他十分确定。

哼哼感觉自己的心跳加快了。他也不清楚为什么，就是感觉这是一个很重要的问题。

他重新看向盼盼，这一次一切恼怒的情绪早已烟消云散。“那些奶酪……是从哪里……来的呢？”他慢慢地重复着这个问题，“我觉得这是一个非常好的问题。”

盼盼的眼睛一下子亮了起来：“那么这意味着你已经知道答案啦？”

“呃，还没有。”哼哼说，“但是它看起来仍然是一个很好的问题。如果我们继续研究下去，说不定就会得到一个很好的答案！”

“迷宫外面是什么样子的？”

他们沉默了一会儿。

接着盼盼望向哼哼，说：“我很好奇迷宫外面是什么样子的。”

哼哼睁大了眼睛盯着她。“迷宫外面是什么样子的？”他使劲摇着头，感到难以置信，“迷宫外面什么也没有。”

这是什么想法！迷宫外面？这简直毫无道理。迷宫就是一切，没有什么“外面”。

“这样啊。”盼盼说。她停顿了一下，目光重新回到哼哼身上，说：“你确定吗？”

“我当然非常确定！”哼哼回道。

他们彼此凝视，然后不约而同地脱口而出：

“一个你坚信不疑的想法！”

又是一个观念！对哼哼而言，这看起来又是一个会令他消沉，而不是令他振作起来的观念。

他能不能在这件事上也转变自己的想法呢？

哼哼闭上眼睛，尝试着去想象一个迷宫以外的世界。然而，

在他的想象里，他所能看到的就只有这个迷宫，他所熟悉的迷宫。

他重新睁开眼睛，无奈地摇摇头。“一点儿用也没有。我看不到它。”他看着盼盼，“我所能看到的全部都是迷宫里面的样子。我想象不出来任何迷宫以外的地方。”

毕竟，迷宫是哼哼所知道的整个世界。他一辈子都困居在这里。

盼盼若有所思地打量着他。接着，她说：“如果你就暂时先相信它了呢？也许之后你就能看得到它了。”

“这简直是——”这简直是疯了！哼哼本来要脱口而出。然而，他及时地停了下来，改口说：“这简直是……一个好主意。”

假如他的观念真的不受任何局限，那为什么不尝试一下呢？他重新闭上眼睛，开始告诉自己：

迷宫外面有着神奇而美好的东西。

哼哼深吸一口气，感觉崭新的想法正在涌入脑海，而自己也开始相信这些新想法。

他睁开眼睛，写下了另一句话：

有的时候你需要
先相信它，
才能看到它。

他回头看着盼盼，说：“我们出发去看看迷宫外面是什么样子的吧。”

她会心地笑了：“听起来不错。也许我们会发现你的奶酪是从哪里来的呢。”

他点点头，为这个想法激动不已：“还有你的苹果！”

盼盼站起身。“算上我。”她说，“我们怎么行动呢？”

“我不知道。”哼哼回答说。

他的确不知道。他们该从哪里开始呢？他想象不出来。他们已经找遍迷宫中的所有地方了。

哼哼记起来自己以前和唧唧一起寻找奶酪时，他们总是会躲开那些黑暗的角落和死胡同。他向盼盼解释着，期待着她会再提一个好问题。

当然，她想出来了。

“或许那些黑暗的角落并不都是那么黑暗？”她说。

“它们怎么可能不是黑暗的呢？”哼哼反问道，“毕竟，它们就叫‘黑暗的角落’啊！”

盼盼起身从墙上的一盏壁灯中取出一根粗粗的蜡烛，说：

“我们带上蜡烛就不怕黑了。”

哼哼已经站起身，开始沿着通道向前走去，忽然他注意到盼盼还留在原地没有动。她正看着他的那包工具。

“你还要带着你的锤子和凿子吗？”

哼哼低头打量了一番那个工具包，然后慢慢地摇摇头，“我想不带了吧。”

“好极了。”盼盼说。她微微一笑：“我觉得带着旧的包袱开启一个新的征程并不是一个好主意。”

黑暗的角落和死胡同

哼哼和盼盼重新回到了已经走过无数遍的通道里，但这一次，他们是冲着那些黑暗的角落去的，而不是小心地避开它们。这让哼哼感到有些怪怪的。他要去寻求那个他一直避而远之的东西。但是他告诉自己，这种奇怪的感觉也是寻找过程的一部分。

不一会儿，他们来到了一个漆黑一片的角落前，停住了脚步。

他们投入一片黑暗之中。盼盼举着她的蜡烛，照亮了前方狭窄的过道。

哼哼的心沉了下去。烛光刚好能够隐约照见过道的尽头。那里除了一堵厚厚的砖墙和一片漆黑以外什么也没有。

“又一个死胡同。”他说。

盼盼在一旁，若有所思。“我也是这么想的。”她说，“但是也许这不是一个我们应该相信的想法呢？毕竟，”她补充道，“不是所有黑暗的角落都是黑暗的。或许也不是所有死胡同都是死路一条。”

哼哼喜欢这个想法。他决定试试看自己能不能坚持相信它，把它变成一个观念。

他闭上眼睛，又一次尝试起发挥自己的想象力。有好一阵子，什么也没有发生……就在他要放弃的时候，他捕捉到有什么东西正在自己的脑海里闪烁着——就仿佛他看到了一样，即使不是光，也是光的希

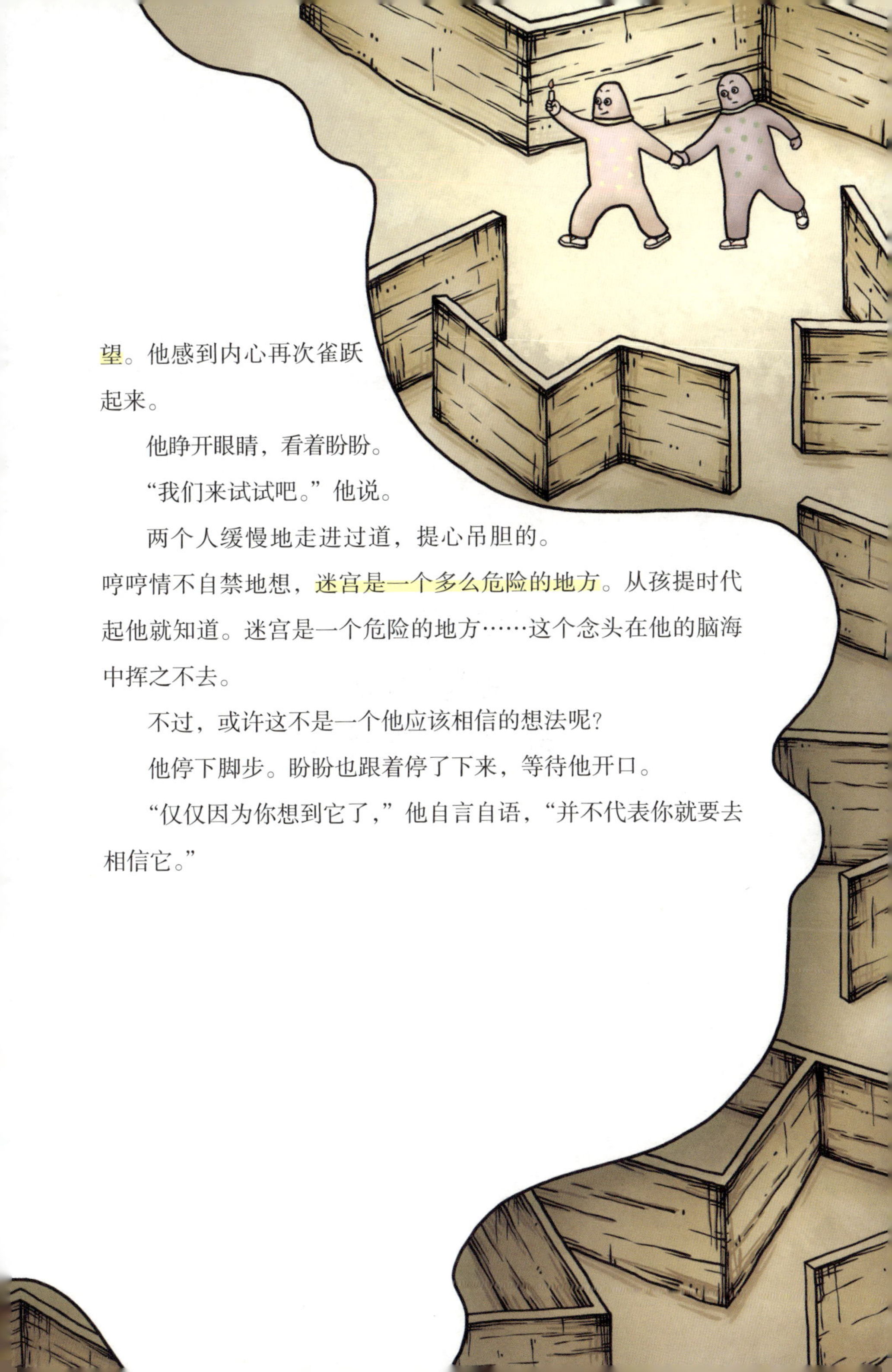

望。他感到内心再次雀跃起来。

他睁开眼睛，看着盼盼。

“我们来试试吧。”他说。

两个人缓慢地走进过道，提心吊胆的。哼哼情不自禁地想，迷宫是一个多么危险的地方。从孩提时代起他就知道。迷宫是一个危险的地方……这个念头在他的脑海中挥之不去。

不过，或许这不是一个他应该相信的想法呢？

他停下脚步。盼盼也跟着停了下来，等待他开口。

“仅仅因为你想到它了，”他自言自语，“并不代表你就要去相信它。”

你不需要去
相信你的
每一个想法。

盼盼在一旁没有作声。她能理解他的想法。

他们继续走着。的确，当他们走得更近些了，哼哼在巷子的尽头看见了一线微弱的光。那是蜡烛在一扇小窗户上面的影子，而那小窗户嵌在一扇门上！

他们推开门，踏进了一间狭小的密室。这间密室和他们所探索过的那许许多多的密室看上去很像。在盼盼手中蜡烛昏暗的灯光下，他们环顾着这个黯淡的小屋。四个角落，四堵墙，再没有什么其他的了。

小屋里空空如也。

哼哼垂头丧气地转身要走，而盼盼仍站在那里，看着他，仿佛正等着他说些什么。

“怎么了？”他说，“这里是空的。”

“看起来是空的。”她说，接着又停顿下来。

于是哼哼开始思索起来——然后他问了自己一个问题：

如果不是所有黑暗的角落都是黑暗的，不是所有死胡同都是死路一条，那么可不可能也不是所有空的密室都真的空空如也呢？

“要不，”他说，“我们再仔细看看？”

盼盼欣然一笑，拉起他的手，说：“走！”

他们沿着第一面白墙向前走，转过一个拐角，走过第二面白墙，又转过一个拐角，接着沿着第三面墙向前走着。走到一半的时候，他们忽然停了下来。

“你感觉到了吗？”哼哼低声说。

“我感觉到了。”盼盼低声回答道。

一阵清爽的风从他们腿间拂过。哼哼弯下腰，轻轻嗅着风的气息。它闻起来清新极了。

他们低下身子，俯身趴在地上，发现下面的墙上有一个小缺口，刚好够一个小矮人通过。

哼哼看了一眼盼盼，伸出一只手示意着：女士先请。

盼盼蜷起身爬进隧道。哼哼跟在她身后。

于是，在盼盼的带领下，他们爬呀爬，直到他们看到隧道的另一头渐渐出现了一束光。

那束光越来越亮……接着一下子……

走出迷宫

盼盼和哼哼出现在一片灿烂的光芒之下。光是如此耀眼，以至于他们起初甚至睁不开眼睛。他们站直身子，使劲眨眨眼，深吸着那清爽新鲜的空气。

渐渐地，他们的眼睛适应了光线。他们环顾四周。他们正站在一片美丽的绿草地上，清凉的微风温柔地吹拂着他们的脸颊。

哼哼从来没有过如此美妙的感觉。他抬头望向“天花板”。（如果你可以叫它“天花板”的话。）它是那么的蔚蓝，又那么的深邃！上面还有一束璀璨的金色光芒，比他所知道的任何的光都要明亮、温暖。它强烈极了，甚至没有办法直视。

哼哼一时惊喜交加，说不出话来。他深吸一口气，把手揣进衣兜里，合上眼睛，仰起脸，感受着阳光的温暖。

他的指尖在口袋中触碰到了什么东西。他把它拉出来一看，原来是一小张纸条。纸的抬头上写着“现实状况”。

他开始读了起来。

不一会儿便笑出了声。

盼盼也困惑地微微一笑。她从来没有见过哼哼如此地开怀大笑。她甚至不认为自己见过哼哼露出过微笑。

“什么呀，”她迫不及待地问，“上面写了什么？”

哼哼把纸条递给了盼盼。

“上面写着，我必须找到更多的奶酪，不然，我就会饿死。”他看向盼盼，“可是我找到了苹果，吃了苹果，而且我没有饿死。”

盼盼也看着他：“是的，你没有。我知道你是不会饿死的。”

“上面还写着迷宫是一个危险的地方，里面藏着许多黑暗的角落和死胡同。”

她点了点头：“而正是一个连着死胡同的黑暗的角落把我们带到这儿来了。”

“上面的最后一句话是，”哼哼补充道，“一切取决于我。我只能依靠自己的力量。”

盼盼微微一笑：“不过，这一条并不完全准确，不是吗？”说着，她掏出一小块自己刚刚找到的奶酪。

他接了过来，感激地咬上一小口。“是的，”他说，“不准确。”

他们徜徉在迷宫之外的新世界里，随处都可以找到吃不完的苹果和奶酪。

他们试着把苹果和奶酪夹在一起品尝。味道好极了。

周围的一切都是那么明亮！他们以前从来没有意识到迷宫中是多么昏暗和阴森。

哼哼忽然意识到，走出了迷宫就仿佛走出了那个让旧观念囚禁自己的牢房。

也许那才是真正的迷宫。

起码有一件事情千真万确：这里的空气闻起来香甜清新多了！

哼哼又低头瞥了一眼他的小纸条。“现实状况，”他读着，又一次哈哈大笑起来，“它们听上去更像是当时的状况。”

盼盼点点头：“但当时并不是这样的。”

“对，”哼哼应道，“一条都不是。”

他把纸条翻过来，在纸条的背面写下了他过去几天来的收获和心得体会。

走出迷宫的方法

留意你的观念

观念是你坚信不疑的想法

不要相信你的每一个想法

有的时候“现实”只不过是从你的角度看到的事物而已

及时抛弃不起作用的东西

你是没有办法带着旧包袱开启一个新征程的

探索迷宫以外的世界

考虑看似不可能的情形，尝试看似不可能的事物

选择一个新的观念

改变你的想法并不意味着改变你的本质

你的观念是不受任何局限的

你可以尽情地去行动，去经历，去享受，你能做的远远超乎你的想象

他们盘腿坐在草地上，惬意地沐浴着温暖的阳光和清爽的微风。哼哼又想念起自己的好朋友唧唧了。唧唧一定会更陶醉于这里优美的风景的，他想着，要是唧唧也和他们在一起该多好。

“你想起唧唧了。”盼盼说。

哼哼点点头。和往常一样，她总能知道自己在想些什么。他不禁好奇她是如何做到这一点的。

“我们应该去找他，”她接着说，“还有你的朋友嗅嗅和匆匆。”

哼哼看看盼盼，又点了点头，说：“我也正这么想呢。”

“很好，”盼盼说，冲着他笑了笑，“那我们出发吧。”

他们都站了起来，盼盼拉起哼哼的手，他们刚要迈步，突然——

“哼哼！哼哼！”

哼哼大吃一惊，在这样一个陌生的地方竟然有人叫自己的名字。他转过身，盯着那个正大步流星地朝他走来的人影。

是唧唧！

“你在这儿呢!”唧唧高兴地喊了出来。他冲上去，紧紧地搂住哼哼，双手用力地拍打着他的后背。

“你也在这儿呢!”哼哼回应着。他四处张望了一下：“嗅嗅和匆匆呢?”

唧唧笑道：“咳，你了解他们的——他们第一个就走出来了！而你呀，哼哼……我还担心你永远都走不出迷宫了呢。”

“我差一点儿就没有走出来。”哼哼坦白地承认。“我以为自己被困在里面了。我以为我就要死去了呢。”他叹了一口气，“我大错特错了，可是当时一点儿也不知道。我就那样深陷在自己陈旧的观念里来着。”

“那后来发生了什么?”唧唧轻轻地问。

哼哼仔细地回想了片刻。

“起初，我很恼火。接着，我感到饿极了。后来，我遇见了盼盼。”他边说边回头看向盼盼，微笑着说，“盼盼，这就是——”

“我很高兴认识你，唧唧。”盼盼说着，用力地握了握唧唧的手。

“太荣幸啦!”唧唧笑着，鞠了一个小小的躬。他接着转向哼哼，继续问道：“你遇见盼盼之后呢？”

“然后，我改变了我的想法！”

唧唧露出了热情洋溢的笑容，又紧紧地搂住哼哼，说：“我可想念你了呢，我亲爱的好伙伴。我太高兴你找到了走出迷宫的路。让我更加欣喜的是，你找到了改变自己观念的方法。”

“观念是一种强大有力的东西，不是吗？”哼哼回应道。

他们仨默默地站在一起，琢磨着观念所具有的那股神奇的力量——既可以令你消沉也可以令你振作，以及那些让他们激动不已的发现——你尽可以改变你的观念，而依然坚持做自己。

一个念头忽然闪现在哼哼脑海中。“等一等！”他在口袋中摸了一阵，掏出一个他捡的苹果，递给唧唧，“你尝过这个吗？”

唧唧兴高采烈地使劲儿点点头。“苹果，”他说，“我爱死它了。”

“而且它和奶酪搭配在一起特别好吃！”两个好朋友不约而同地说道。

盼盼仰起头：“但你们知道吗？”

两个人转身看着她。

“我打赌这里还有各式各样的美味佳肴等着我们去品尝呢。”她说，“我们从来都没有听说过的，甚至我们从来都不敢想象的。”

哼哼和唧唧相视一笑。

这可能吗？

当然可能！

于是，三个人动身继续去探索。

结局……

或许，这又是一个新的开始？

一堂讨论课

丹尼斯讲完了故事。他停下来，环顾教室中的每一个人。大家都陷入沉思之中。他耐心地等待着。

“哇！”亚历克斯说。

丹尼斯转向他，微笑道：“哇？”

“哼哼真不容易。”亚历克斯说，“他做到了。他成功地走出了迷宫。”

“就像《肖申克的救赎》里面的安迪·杜弗兰一样。”本说。大伙儿哄堂大笑起来。本早已树立起自己在班里“逗乐大王”的形象。

“我以前有一位老板，他就没有那么幸运。”布鲁克说。

“哦，是吗？”丹尼斯问，“发生了什么？”

“我刚从新闻学院毕业的时候，为一家城市报纸工作。没有人能说服我们的出版商我们的报纸需要开辟网络新闻的模式。他认为纸质版的广告费就足以付得起所有账单了。就连我们最大的几个客户都转向网络广告宣传的时候，他也没动心。尽管越来越多的读者不再订阅我们的报纸而是转向了线上新闻，但是他依旧坚信有偿发行的报纸不久就会重新辉煌起来。我在那里待了才一年多，报刊就倒闭了。”

“没能找到走出迷宫的路径。”亚历克斯喃喃自语。

“观念是一种强大有力的东西。”丹尼斯说，“仅仅一个固执的观念就可以压垮一整个公司。人们总是倾向于认为事物一贯是什么样子，以后也就永远会是什么样子。但事物从来都不是这样的。”

“马克·吐温说过，”本在一旁评论道，“你不懂的东西不会毁了你，你自以为懂但实际不懂的东西才会毁了你。”

全班又哄堂大笑起来。

丹尼斯微微一笑，说：“像往常一样，马克·吐温说得很对。而且还有一个很好的例子——当泰坦尼克号在1912年开启处女航的时候，人们只用了一个词来形容那艘巨型游轮。”

“永不沉没的！”布鲁克脱口而出。

“完全正确。永不沉没的。所有人都深信不疑。也正是因为他们坚信它是不会沉没的，他们甚至都没有装载上足够的救生艇。”

“1 500多人遇难。”布鲁克说。

“都是因为那个人们坚信的想法。”米娅补充道。

“‘现实状况’。”亚历克斯喃喃自语。

全班又沉默了一阵子。

“哦，天哪。”本打破了沉寂。

“我开始觉得所有的观念都是不利的了。”米娅说，“所有观念都是狭隘的，会让我们陷入麻烦之中。但这又不可能都是对的。你想想，就连哼哼不都发现了一些能帮助他的观念吗？”

“千真万确。”丹尼斯回应道，“所有的观念都值得我们审视。关键在于发觉你的观念，并检验它们，而不是直截了当地将它们抛弃。”

“有些观念会限制我们，阻挡我们成为更好的自己，甚至使我们之间产生隔阂。但是有些观念是强大的真理，是可以令我们振奋的灯塔，时刻指引着我们不畏艰险，不断向前。”

“比如‘人人生而平等’这个观念。”本提议着，“人人都有一些不可剥夺的权利，例如生存权、自由权和追求幸福的权利。”

“比如哼哼相信盼盼是一个很好的朋友。”布鲁克提了出来。

“比如要对我们的孩子有信心。”米娅补充道。

“比如要对我们自己有信心”丹尼斯说，“要相信你来到这个世界上自有它的原因，你对于这个世界有着无可取代的宝贵价值。比如说吧，米娅，你为什么要成为一个医生?”

“去帮助人们缓解病痛的折磨。”米娅不假思索地回答道。

丹尼斯转向大家:“你们可以发现那不仅仅是一个她坚信的想法。那种渴望去治愈疾病的意愿，就是米娅所展现出来的内在精神品质。就像布鲁克对于事实真相和卓越的报道的追求一样。这些都是核心价值观，它们就是这样的真实，而且是一成不变的。”

“但是拜托！除此之外，一切事物都会改变的!”本指了出来。

“同样正确。”丹尼斯微微一笑，说，“这就是哼哼被困住的原因。境况改变了，世事变迁了。昨天还是正确的事情可能今天忽然就不再是对的了。”

“百事达曾十分肯定我们会一直用录影带看电影。宝丽莱坚信人们会一直用胶卷拍照片。就像 20 世纪 90 年代初的实体书店确凿无疑地认为网络书店是不可能撼动它的地位的。”

“他们都把自己的未来建立在了已经不再正确的观念之上。

而正因如此，他们淹没在了时代的浪潮之中。”

“就像泰坦尼克号一样。”本补充道。

“就像泰坦尼克号一样。”丹尼斯表示赞同。

他环顾了一圈，注意到那个年轻人正沉默地坐在最后一排，眉头紧锁着。

“蒂姆？”他问，“你有什么想要与大家分享的吗？”

大家的目光齐刷刷地投向了蒂姆。正是他上周的问题——哼哼后来怎么样了呢，开启了这一番探讨。

“嗯，其实吧，”蒂姆说，“我的工作还算顺利。困扰我更多的是件私事。”

丹尼斯慈祥地说：“如果你愿意分享的话。”

“当然。今年早些时候，我发现我的父母正在闹分手。已经分手了，实际上。已经是过去式了。”

“这一定让你感觉很艰难。”大家纷纷回头看向说话的丹尼斯。

“艰难？简直就是信念崩塌！我从小到大，他们一直都是我最坚实的靠山。我生命中唯一一件确凿无疑的事情就是他们之间的爱。结果他们就这样放弃了！”

“你听上去对此很生气。”丹尼斯说。

“我对此恼怒极了。”蒂姆说，“我当然还是爱他们的，但是现在我也有一点儿恨他们。我就是无法接受他们的所作所为。这意味着什么？我的整个童年，现在看起来，莫非就是一个天大的谎言？”

“你知道，”丹尼斯说，“人是会变的。”

蒂姆懊丧地摇着头：“但不应该是这样的。”

丹尼斯考虑着他的话，接着问道：“那你认为他们是怎样看待眼下的情况的？”

这个问题似乎让蒂姆吃了一惊：“我不知道。”

“他们是怎么说的呢？”

“他们说他们已经尽力了，说这对于他们来说是一个正确的选择，还说以后我就会慢慢地接受这件事了。这些说法我一点儿也不相信。”

丹尼斯停顿了片刻，说：“如果你尝试着……改变自己的想法，去相信他们所说的呢？”

“它不是这样就能改变的!”蒂姆脱口而出。全班陷入了沉默。接着，他说:“哦，天哪。”他看向丹尼斯，问:“这和哼哼的话一模一样，不是吗?”他苦笑了一下。

丹尼斯耸耸肩，微笑着说:“的确如此。”

“所以，你是什么意思?”蒂姆问道:“难道他们做出了一个正确的选择?难道他们依然在一起，把问题解决了，不是一个更合适的办法吗?”

丹尼斯摇摇头，说:“这就不是由我来做评判的了。不过，当我审视一个观念的时候，我喜欢运用哼哼的问题:它是会令你振作，还是令你消沉?它是会带领你走出迷宫摆脱困境，还是会使你徒劳地在原地打转?”

蒂姆低头盯着桌面，陷入沉思。

“记住这句话，蒂姆。”丹尼斯说，“改变你的想法并不意味着改变你这个人。”

蒂姆抬起头，与丹尼斯的目光交汇。他接着缓缓地点点头，说:“嗯，好吧，我会认真地考虑一下。”他顿了顿，又补充道:“说不定我会去顺着哼哼的隧道转上一圈，看看那里有没有希望的光芒。”

丹尼斯咧嘴笑了：“听上去不错，蒂姆。”他抬头扫了一眼墙上的时钟，眼看着就快要下课了。

“上周我们提到了，”丹尼斯继续说，“很多变化同时发生的时候，往往会使人措手不及、倍感困惑。我在这里再转述一下你们很多人提出的同一个绝妙的问题：我该从何处下手呢？”

他环顾一圈：“亚历克斯？”

其他人这才意识到，上周十分活跃的亚历克斯在听完新的故事之后却格外安静。

亚历克斯沉默了好一阵子，认真思索着。他终于开口了，一字一句地掂量着。

“在我看来，”他说，“一切要从自己开始。”

丹尼斯赞许地点点头，仿佛在鼓励他继续说。

“好吧。”亚历克斯继续说，“我之前一直把全部注意力都集中在了遇到的问题上。比如我所处的翻天覆地的行业是多么令人困惑，而理清思路、与时俱进又是多么的艰难。”

“你说过如果可以的话，你愿意‘随着奶酪的变化而变化’。”

布鲁克打断道，读着她之前的笔记，“可是绝大多数时候，你根本不知道奶酪变到哪里去了。”

“没错。”亚历克斯回答说，“而这正是哼哼试图去弄清楚的，不是吗？他在迷宫中四处游荡，想找出一个解决办法。然而，他真正应该开始的地方根本不在迷宫里，而是在他的头脑里。”

“当你说‘走出迷宫’的时候，我才恍然大悟——那个把我困住的迷宫，并不是我的工作，或者我的公司，或者我所处的行业。它其实是我自己对待事物的方式方法。那个我真正需要走出的迷宫？我想就是我自己的想法吧。”

“或许，是应该抛弃一些旧观念了。”布鲁克说。

“可不是嘛，”亚历克斯赞同着，“还要选择一些新的观念！”

本微微一笑，补充道：“不要忘记哼哼所想过的——‘迷宫外面有着神奇而美好的东西’！”

大伙儿又一次笑出了声，并且爆发出一阵掌声来。本站起来，不失风度地向大家鞠了一躬。

“说得很好。”丹尼斯意味深长地笑着说，“当你允许自己去相信一件事的时候，一个充满了新契机的世界就会向你敞开大门。这的确是一件绝妙的事情啊。”

“说到这里，朋友们，我们的研讨会就接近尾声了。我衷心地感谢你们精彩的讨论，并且祝福你们在未来的工作和生活中一帆风顺。

“最后，我想以这样一句话作为结束：如果你们从这个小故事中有所收获，我希望你们有机会与别人分享它。”

下面这封信是斯宾塞在他癌症晚期时写下的。

它向我们展现了他是多么欣然地接受并亲身实践着他书中的道理。

致肿瘤的一封信

肿瘤你好，

我现在很是喜爱你了！我曾经畏惧你，与你抗争，希望自己可以打败你。接着我开始审视自己的观念，看看它们更多的是关于我所热爱的，还是我所畏惧的事物。

很显然，它们是关于我所畏惧的事物的。

我很欣喜看到自己一点一点地学会去接受你、喜爱你，一个曾经对我来说很是陌生的想法。我的人生为此变得多么丰富和精彩啊！正因为我生病了，知道自己即将离世，我变得更加懂得感恩，更加善良，更加珍惜身边的亲人和朋友，我增添了一份使命感，我的灵魂得到了升华。

所以，我发自内心地感谢你，谢谢你，谢谢！

——斯宾塞·约翰逊医生

后记

肯·布兰佳

现在你读完了《谁动了我的奶酪 2》，我希望你意识到了你的观念所具有的强大力量，以及它能给你的行为和事情的结果带来的深远影响。你或许会有这样一个疑问：“斯宾塞·约翰逊是仅仅写出了选择观念的强大力量，还是他同样在生活中亲身实践着这些道理呢？”

我很高兴地告诉你，他确实以身作则，实践着他所讲的这些道理；然而，我不得不给你举一个不幸的例子。

我的合著者和挚友在 2017 年 7 月因为胰腺癌去世了。你也许知道，得知自己患了癌症通常是个坏消息，因为大多数人不会存活太久。当斯宾塞得知这个消息时，他决心将自己的余生建立在一个要么基于恐惧，要么基于爱的信念体系上。如果他选择恐惧，那么他的关注点就集中在了自己身上；如果他选择爱，他的关注点则是他人。

我为他选择了生活在爱中而倍感欣喜。他的爱不仅感染了他身边的亲朋好友，还感染了那些曾经杳无音信、多年来未曾谋面的人。

每当我去看望他，我遇见的其他人都为斯宾塞的举动所震撼。他无时无刻不在关心着他们和他们的感受，从来不去关注自己的身体状况。

我最后一次去看望他的时候，同在的还有玛格丽特·麦克布莱德，她是我们“一分钟经理人”系列作品的代理人。我们与我们的出版商威廉·莫罗出版社（William Morrow）的前主席拉里·休斯通了电话，向他表达我们对于他在我们生命中所扮演的角色深深的感激。那是一段令人温暖、久久无法忘怀的交谈。我准备离开的时候，我紧紧地拥抱住斯宾塞，告诉他我是多么地为他和他所选择的那些积极向上的观念，而骄傲和自豪。

斯宾塞的孩子们——埃默森，奥斯汀和克里斯蒂安——和我，被斯宾塞选择的这个充满爱意的离去深深地感动。我们下定决心要确保这本对于斯宾塞格外重要的书能够出版。直到现在，我们仍能感觉到斯宾塞给了我们一个大大的“一分钟赞美”。[1]

如果你像我一样喜欢这个小故事，那么你可以帮助传承斯宾塞的精神财富，把这本书分享给更多的人。我毫无疑问会这样做下去的！

肯·布兰佳

加州圣迭戈市

2018 年 6 月

---

1 “一分钟赞美”，出自斯宾塞和肯合著的《一分钟经理人》。它是一种注重肯定员工并激励员工的有效方法。——编者注

致谢

斯宾塞博士为这个世界带来了一份多么独特的礼物啊！作为当代最受爱戴和最具有影响力的作者之一，斯宾塞自己并不愿意站在聚光灯下，而是选择用他言简意赅的寓言故事为自己发声。我们非常荣幸能够向大家呈现这份他给世界留下的离别礼物——《谁动了我的奶酪2》，并且我们由衷地感激所有使本书出版得以成为现实的参与者。在此，我们特别感谢：

斯宾塞的儿子们，埃默森，奥斯汀和克里斯蒂安。谢谢他们在斯宾塞的生命中所扮演的无法取代的角色，以及他们对使这本新书成为他不朽的财富的一部分提供的帮助。我们和斯宾塞的千万读者共同分担着他们的失去，并且深深感激他们的父亲为我们留下的宝贵礼物。

肯 · 布兰佳，斯宾塞的挚友和他《一分钟经理人》的合著者。是他第一个鼓励斯宾塞将他的故事写下来，让更多人能够从中收获智慧。也是他，在这本书出版之后，成了它最忠实的拥护者。

海勒姆 · W. 史密斯。是他的长期合作和宝贵贡献使这本书得以出版。

本书早期的读者们。谢谢他们帮助这本书更上一层楼。

Williams & Connolly 律所的罗伯特 · 巴内特，斯宾塞 · 约翰逊信托（Spencer Johnson Trust）的凯瑟琳 · 约汉姆，安吉拉 · 里纳尔迪版权代理公司（Angela Rinaldi Literary Agency）的安吉拉 · 里纳尔迪，以及斯宾塞的行政助理，南希 · 凯西。谢谢他们的大力支持和帮助。

汤姆 · 杜塞尔、塔拉 · 吉布赖德、阿什莉 · 麦克莱、玛德琳 · 蒙哥马利、克里斯 · 塞尔吉奥、梅里 · 孙、威尔 · 威瑟，以及 Putnam 和 Portfolio 出版公司的其他团队成员。谢谢他们对这个项目的全身心投入。

约翰·戴维·曼。谢谢他在这部手稿出版准备过程中的高明指点。以及玛格丽特·麦克布莱德版权代理公司（Margret McBride Literary Agency）的玛格丽特·麦克布莱德。谢谢她的支持。

还有你，亲爱的读者，以及《谁动了我的奶酪?》千千万万的读者、粉丝、支持者和拥护者。

最后，斯宾塞本人。称他为“大师”一点儿都不为过，也绝非偶然。这位畅销寓言故事的创作者既做过医生，又成了一位作家。他一生中最大的愿望，是不仅能让人生哲理流淌于字里行间，更能给予人们切实的办法去改善他们的生活，让世界变成一个更健康、更快乐、更充实的地方。

伊万·霍尔德，G. P. Putnam’s Sons 出版公司

艾德里安·扎克海姆，Portfolio 出版公司